《2017客厅·现代风格》编写组 编

海峡出版发行集团 THE STRAITS PUBLISHING & DISTRIBUTING GROUP | 福建科学技术出版社 FUJIAN SCIENCE & TECHNOLOGY PUBLISHING HOUSE

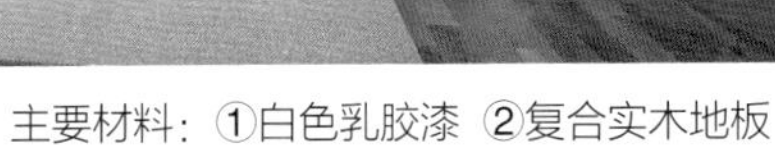

主要材料：①白色乳胶漆 ②复合实木地板

主要材料：①红胡桃木饰面板 ②肌理漆

主要材料：①黑金花大理石 ②金箔壁纸

主要材料：①新雅米黄大理石 ②金箔壁纸

主要材料：①金箔壁纸 ②索菲亚米黄大理石

主要材料：①有色乳胶漆 ②玻化砖

主要材料：①有色乳胶漆 ②仿古砖

主要材料：①麻质硬包 ②灰洞石

主要材料：①有色乳胶漆 ②PVC（聚氯乙烯）壁纸

主要材料：①微晶石 ②皮革硬包

主要材料：①白色乳胶漆 ②杉木地板

主要材料：①有色乳胶漆 ②仿古砖

主要材料：①爵士白大理石 ②仿古砖

主要材料：①仿大理石瓷砖 ②肌理壁纸

主要材料：①爵士白大理石 ②硬包

主要材料：①有色乳胶漆 ②水曲柳指接板

主要材料：①微晶石 ②榉木饰面板

主要材料：①有色乳胶漆 ②玻化砖

主要材料：①爵士白大理石 ②仿大理石瓷砖

主要材料：①红橡木饰面板 ②玻化砖

主要材料：①粉红罗莎大理石 ②大花白大理石

主要材料：①黑金花大理石 ②玻化砖

主要材料：①有色乳胶漆 ②复合实木地板

主要材料：①米黄洞石 ②肌理壁纸

主要材料：①植绒壁纸 ②雅士白大理石

主要材料：①中花白大理石 ②麻质壁纸

主要材料：①仿大理石瓷砖 ②无纺布壁纸

主要材料：①有色乳胶漆 ②柞木地板

主要材料：①肌理漆 ②釉面砖

主要材料：①木纹洞石 ②玻化砖

主要材料：①肌理壁纸 ②木纹砖

主要材料：①实木地板 ②有色乳胶漆

主要材料：①黑白根大理石 ②中花白大理石

主要材料：①沙比利木线 ②米黄大理石

主要材料：①柚木地板 ②PVC壁纸

主要材料：①爵士白大理石 ②柚木地板

主要材料：①枫木饰面板 ②仿大理石瓷砖

主要材料：①有色乳胶漆 ②实木地板

主要材料：①有色乳胶漆 ②仿古砖

主要材料：①木质饰面板 ②仿大理石瓷砖

主要材料：①斑马木饰面板 ②软包

主要材料：①杉木饰面板 ②灰镜

主要材料：①橙皮红大理石 ②世纪米黄大理石

主要材料：①灰网纹大理石 ②木纹砖

主要材料：①金花米黄大理石 ②黑胡桃木窗棂

主要材料：①爵士白大理石 ②肌理壁纸

主要材料：①实木线密排 ②爵士白大理石

主要材料：①浅啡网大理石 ②玻化砖

主要材料：①密度板混油造型 ②无纺布壁纸

主要材料：①白橡木饰面板 ②仿大理石瓷砖

主要材料：①米黄洞石 ②玻化砖

主要材料：①米黄洞石 ②有色乳胶漆

主要材料：①木质格栅 ②榆木地板

主要材料：①皮革硬包 ②釉面砖

主要材料：①斑马木饰面板 ②釉面砖

主要材料：①阿曼米黄大理石 ②木质饰面板

主要材料：①中花白大理石 ②麻质壁纸

主要材料：①橙皮红大理石 ②硅藻泥

主要材料：①有色乳胶漆 ②仿大理石瓷砖

主要材料：①杉木饰面板 ②玻化砖

主要材料：①中花白大理石 ②肌理漆

主要材料：①肌理漆 ②玻化砖

主要材料：①皮雕软包 ②玻化砖

主要材料：①新雅米黄大理石 ②肌理壁纸

主要材料：①古堡灰大理石 ②肌理壁纸

主要材料：①木纹砖 ②茶镜

主要材料：①金世纪米黄大理石 ②仿大理石瓷砖

主要材料：①木质指接板 ②绒布硬包

主要材料：①金世纪米黄大理石 ②玻化砖

主要材料：①白橡木饰面板 ②复合实木地板

主要材料：①实木线混油 ②有色乳胶漆

主要材料：①枫木饰面板 ②PVC壁纸

主要材料：①石膏板造型 ②复合实木地板

主要材料：①墙布 ②深啡网大理石

主要材料：①米黄洞石 ②浮雕壁纸

主要材料：①斑马木饰面板 ②木纹砖

主要材料：①中花白大理石 ②实木地板

主要材料：①橙皮红大理石 ②欧式壁纸

主要材料：①有色乳胶漆 ②仿古砖

主要材料：①麻质软包 ②肌理壁纸

主要材料：①金叶米黄大理石 ②深啡网大理石波打线

主要材料：①枫木饰面板 ②釉面砖

主要材料：①肌理漆 ②釉面砖

主要材料：①金箔壁纸 ②雪白银狐大理石

主要材料：①金蜘蛛大理石 ②榆木地板

主要材料：①金丝米黄大理石 ②车边银镜

主要材料：①大花白大理石 ②肌理漆

主要材料：①杉木饰面板 ②仿大理石瓷砖

主要材料：①无纺布壁纸 ②黑金花大理石波打线

主要材料：①有色乳胶漆 ②玻化砖

主要材料：①镜面玻璃马赛克 ②米黄大理石

主要材料：①微晶石 ②硅藻泥

主要材料：①浮雕壁纸 ②仿古砖

主要材料：①金叶米黄大理石 ②壁纸

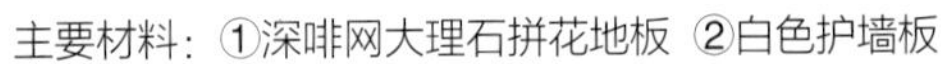
主要材料：①深啡网大理石拼花地板 ②白色护墙板

主要材料：①爵士白大理石 ②麻质硬包

主要材料：①麻质壁纸 ②玻化砖

主要材料：①阿曼米黄大理石 ②榆木地板

主要材料：①浅啡网大理石 ②米黄大理石

主要材料：①植绒壁纸 ②榆木地板

主要材料：①金丝柚木饰面板 ②仿大理石瓷砖

主要材料：①水曲柳饰面板 ②釉面砖

主要材料：①雪白银狐大理石 ②玻化砖

主要材料：①科技木饰面板 ②红胡桃木饰面板

主要材料：①白色乳胶漆 ②木纹砖

主要材料：①有色乳胶漆 ②柚木地板

主要材料：①有色乳胶漆 ②木质拼花地板

主要材料：①白松木板吊顶 ②仿古砖

主要材料：①肌理壁纸 ②复合实木地板

主要材料：①马赛克 ②仿古砖

主要材料：①微晶石 ②釉面砖

主要材料：①米白洞石 ②黑镜

主要材料：①壁纸 ②有色乳胶漆

主要材料：①松木指接板 ②釉面板

主要材料：①灰镜 ②硬包

主要材料：①车边银镜 ②白宫米黄大理石

主要材料：①皮质硬包 ②黑色烤漆玻璃

主要材料：①闪电米黄大理石 ②绒布软包

主要材料：①实木线混油 ②水曲柳木地板

主要材料：①木纤维壁纸 ②仿大理石瓷砖

主要材料：①灰木纹石 ②浅啡网大理石

主要材料：①有色乳胶漆 ②实木线混油

主要材料：①有色乳胶漆 ②仿大理石瓷砖

主要材料：①金叶米黄大理石 ②榆木地板

主要材料：①欧式壁纸 ②玻化砖

主要材料：①白枫木饰面板 ②复合实木地板

主要材料：①有色乳胶漆 ②榆木地板

主要材料：①白色乳胶漆 ②复合实木地板

主要材料：①米黄大理石 ②黑金花大理石波打线

主要材料：①有色乳胶漆 ②仿大理石瓷砖

主要材料：①雅士白大理石 ②仿大理石瓷砖

主要材料：①皮雕软包 ②条纹壁纸

主要材料：①布艺硬包 ②釉面砖

主要材料：①有色乳胶漆 ②水曲柳木地板

主要材料：①浅啡网大理石 ②灰镜

主要材料：①有色乳胶漆 ②复合实木地板

主要材料：①砂岩文化石 ②金属砖

主要材料：①石膏浮雕板 ②白色护墙板

主要材料：①雪白银狐大理石 ②白榉木饰面板

主要材料：①爵士白大理石 ②黑白根大理石

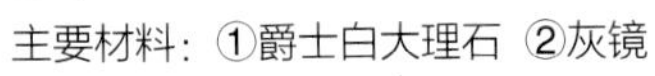

主要材料：①爵士白大理石 ②灰镜

主要材料：①硅藻泥 ②玻化砖

主要材料：①雪弗板雕花 ②仿大理石瓷砖

主要材料：①艺术壁纸 ②釉面砖

主要材料：①砂岩浮雕 ②木纹砖

主要材料：①木纹玉石 ②大理石拼花地板

主要材料：①布艺硬包 ②沙比利饰面板

主要材料：①文化石 ②水曲柳木地板

主要材料：①金蜘蛛大理石 ②浅啡网大理石

主要材料：①印花玻璃 ②硬包

主要材料：①雅士白大理石 ②实木地板

主要材料：①木纹玉石 ②金箔壁纸

主要材料：①意大利帕斯高灰大理石 ②皮革硬包

主要材料：①无纺布壁纸 ②玻化砖

主要材料：①欧式壁纸 ②深啡网大理石波打线

主要材料：①有色乳胶漆 ②仿古砖

主要材料：①柚木地板 ②有色乳胶漆

主要材料：①榉木饰面板 ②柚木地板

主要材料：①肌理壁纸 ②灰镜

主要材料：①雅士白大理石 ②肌理漆

主要材料：①皮革软包 ②米黄大理石

主要材料：①浮雕壁纸 ②有色乳胶漆

主要材料：①印花金镜 ②白色玉晶石

主要材料：①皮革硬包 ②仿大理石瓷砖

主要材料：①海纹玉大理石 ②麻质壁纸

主要材料：①大花白大理石 ②复合实木地板

主要材料：①浮雕漆 ②木质窗棂

主要材料：①银箔壁纸 ②雅士白大理石

主要材料：①米黄洞石 ②金叶米黄大理石

主要材料：①莎安娜米黄大理石 ②玻化砖

主要材料：①硅藻泥 ②车边灰镜

主要材料：①皮雕软包 ②大理石拼花地板

主要材料：①木质格栅 ②木纹砖

主要材料：①白橡木饰面板 ②植绒壁纸

主要材料：①木纤维壁纸 ②柚木地板

主要材料：①木质格栅 ②灰镜

主要材料：①影木饰面板 ②山水纹大理石

主要材料：①肌理漆 ②玻化砖

主要材料：①爵士白大理石 ②釉面砖

主要材料：①雅士白大理石 ②黑镜

主要材料：①有色乳胶漆 ②大理石拼花地板

主要材料：①肌理壁纸 ②仿大理石瓷砖

主要材料：①雅士白大理石 ②仿大理石瓷砖

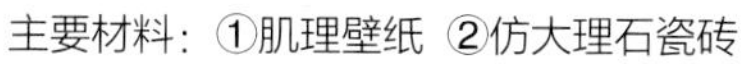

主要材料：①植绒壁纸 ②大理石拼花地板

主要材料：①复合实木地板 ②白色乳胶漆

主要材料：①釉面砖 ②有色乳胶漆

主要材料：①布艺硬包 ②复合实木地板

主要材料：①雪白银狐大理石 ②复合实木地板

主要材料：①米黄洞石 ②木纹砖

主要材料：①文化石 ②有色乳胶漆

主要材料：①索菲亚米黄大理石 ②麻质壁纸

主要材料：①皮革软包 ②车边银镜

主要材料：①金丝柚木饰面板 ②砂岩砖

主要材料：①白色护墙板 ②中花白大理石

主要材料：①皮革硬包 ②实木地板

主要材料：①樱桃木饰面板 ②釉面砖

主要材料：①有色乳胶漆 ②水曲柳木地板擦色

主要材料：①有色乳胶漆 ②仿古砖

主要材料：①微晶石 ②肌理壁纸

主要材料：①枫木饰面板 ②玻化砖

主要材料：①沙比利饰面板 ②肌理漆

主要材料：①肌理漆 ②复合实木地板

主要材料：①有色乳胶漆 ②榆木地板

主要材料：①雅士白大理石 ②白色护墙板

主要材料：①微晶石 ②釉面砖

主要材料：①红橡木饰面板 ②仿大理石瓷砖

主要材料：①肌理壁纸 ②仿大理石瓷砖

主要材料：①白色乳胶漆 ②复合实木地板

主要材料：①陶瓷锦砖 ②仿古砖

主要材料：①微晶石 ②仿大理石瓷砖

主要材料：①白橡木饰面板 ②木纹砖

主要材料：①旧米黄大理石 ②绒布硬包

主要材料：①硅藻泥 ②大理石拼花地板

主要材料：①雅士白大理石 ②仿大理石瓷砖

主要材料：①大花白大理石 ②文化石

主要材料：①复合实木地板 ②有色乳胶漆

主要材料：①实木线混油 ②金叶米黄大理石

主要材料：①肌理漆 ②复合实木地板

主要材料：①莎安娜米黄大理石 ②玻化砖

主要材料：①金箔壁纸 ②绒布硬包

主要材料：①爵士白大理石 ②榉木饰面板

主要材料：①白色护墙板 ②釉面砖

主要材料：①灰网纹大理石 ②玻化砖

主要材料：①有色乳胶漆 ②中花白大理石

主要材料：①雅士白大理石 ②实木地板

主要材料：①白色乳胶漆 ②复合实木地板

主要材料：①黑胡桃木饰面板 ②玻化砖

主要材料：①金花米黄大理石 ②大理石拼花地板

主要材料：①有色乳胶漆 ②木纹砖

主要材料：①肌理漆 ②艺术玻璃

主要材料：①有色乳胶漆 ②复合实木地板

主要材料：①艺术玻璃 ②金叶米黄大理石

主要材料：①雅士白大理石 ②釉面砖

主要材料：①有色乳胶漆 ②柚木地板

主要材料：①微晶石 ②水曲柳木地板擦色

主要材料：①有色乳胶漆 ②柚木地板

主要材料：①肌理壁纸 ②金花米黄大理石

主要材料：①白橡木饰面板 ②爵士白大理石

主要材料：①实木线混油 ②有色乳胶漆

主要材料：①科技木饰面板 ②仿大理石瓷砖

主要材料：①麻质壁纸 ②白橡木饰面板

主要材料：①实木线混油 ②有色乳胶漆

主要材料：①金叶米黄大理石 ②浅啡网大理石波打线

主要材料：①云朵拉灰大理石 ②仿大理石瓷砖

主要材料：①米黄大理石 ②皮革硬包

主要材料：①山水纹大理石 ②有色乳胶漆

主要材料：①无纺布壁纸 ②复合实木地板

主要材料：①植绒壁纸 ②世纪米黄大理石

主要材料：①米黄洞石 ②灰镜

主要材料：①麻质壁纸 ②米黄大理石

主要材料：①雪白银狐大理石 ②黑镜

主要材料：①无纺布壁纸 ②仿大理石瓷砖

主要材料：①肌理漆 ②白色护墙板

主要材料：①榉木饰面板 ②有色乳胶漆

主要材料：①阿曼米黄大理石 ②有色乳胶漆

主要材料：①白色乳胶漆 ②复合实木地板

主要材料：①红榉木饰面板 ②实木地板

主要材料：①月光米黄大理石 ②银镜

主要材料：①有色乳胶漆 ②木纹砖

主要材料：①灰木纹石 ②釉面砖

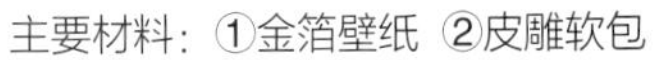
主要材料：①金箔壁纸 ②皮雕软包

主要材料：①闪电米黄大理石 ②仿大理石瓷砖

主要材料：①樱桃木饰面板 ②仿木纹壁纸

主要材料：①老虎玉 ②金花米黄大理石

主要材料：①玉石 ②壁纸

主要材料：①金箔壁纸 ②雅典米黄大理石

主要材料：①米黄洞石 ②玻化砖

主要材料：①有色乳胶漆 ②木纹砖

主要材料：①灰木纹大理石 ②金叶米黄大理石

主要材料：①木纤维壁纸 ②玻化砖

主要材料：①布艺软包 ②玻化砖

主要材料：①木纤维壁纸 ②柚木地板

主要材料：①肌理壁纸 ②硬包

主要材料：①玉石 ②世纪米黄大理石

主要材料：①印花茶镜 ②有色乳胶漆

主要材料：①白胡桃木饰面板 ②爵士白大理石

主要材料：①银箔壁纸 ②PVC硬包

主要材料：①新雅米黄大理石 ②欧式壁纸

主要材料：①白橡木饰面板 ②有色乳胶漆

主要材料：①文化石 ②做旧实木板

主要材料：①铝塑板 ②肌理壁纸

主要材料：①有色乳胶漆 ②木纹砖

主要材料：①布艺软包 ②灰网纹大理石

主要材料：①有色乳胶漆 ②玻化砖

主要材料：①雪白银狐大理石 ②木纹砖

主要材料：①雅士白大理石 ②灰镜

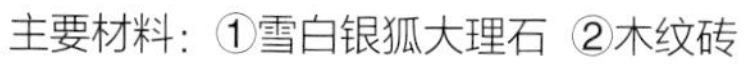

主要材料：①米黄大理石 ②肌理壁纸

主要材料：①肌理漆 ②仿大理石瓷砖

主要材料：①米黄大理石 ②皮革硬包

主要材料：①雅士白大理石 ②皮革硬包

主要材料：①有色乳胶漆 ②复合实木地板

主要材料：①灰木纹石 ②实木地板

主要材料：①科技木饰面板 ②仿大理石瓷砖

主要材料：①硅藻泥 ②木纹砖

主要材料：①白色乳胶漆 ②水曲柳木地板擦色

主要材料：①实木线 ②实木地板

主要材料：①有色乳胶漆 ②复合实木地板

主要材料：①陶瓷锦砖 ②肌理漆

主要材料：①柚木饰面板 ②玻化砖

主要材料：①护墙板 ②复合实木地板

主要材料：①黑胡桃木线条 ②浓墨山水纹大理石

主要材料：①欧式壁纸 ②仿古砖

主要材料：①麻质壁纸 ②仿大理石瓷砖

主要材料：①黑胡桃木饰面板 ②柚木地板

主要材料：①白色乳胶漆 ②木纹砖

主要材料：①米黄洞石 ②枫木饰面板

主要材料：①植绒壁纸 ②水曲柳木地板

主要材料：①有色乳胶漆 ②玻化砖

主要材料：①肌理壁纸 ②玻化砖

主要材料：①白胡桃木饰面板 ②水曲柳木地板

主要材料：①有色乳胶漆 ②釉面砖

主要材料：①枫木板 ②金线米黄大理石

主要材料：①雪白银狐大理石 ②复合实木地板

主要材料：①月光米黄大理石 ②釉面砖

主要材料：①有色乳胶漆 ②玻化砖

主要材料：①灰网纹大理石 ②仿古砖

主要材料：①马赛克 ②古堡灰大理石

主要材料：①雪白银狐大理石 ②黑白根大理石波打线

主要材料：①白色护墙板 ②复合实木地板

主要材料：①中花白大理石 ②有色乳胶漆

主要材料：①科技木饰面板 ②复合实木地板

主要材料：①仿大理石瓷砖 ②有色乳胶漆

主要材料：①有色乳胶漆 ②玻化砖

主要材料：①花鸟画壁纸 ②杉木地板

主要材料：①麻布硬包 ②复合实木地板

主要材料：①爵士白大理石 ②木纹砖

主要材料：①水曲柳饰面板 ②实木地板

主要材料：①有色乳胶漆 ②中花白大理石

主要材料：①枫木饰面板 ②玻化砖

主要材料：①白榉木饰面板 ②硬包

主要材料：①手绘画 ②釉面砖

主要材料：①雪白银狐大理石 ②仿大理石瓷砖

主要材料：①白色乳胶漆 ②杉木地板

主要材料：①文化石壁纸 ②杉木地板

主要材料：①实木线混油 ②仿大理石瓷砖

主要材料：①白色乳胶漆 ②杉木地板

主要材料：①肌理壁纸 ②仿大理石瓷砖

主要材料：①仿大理石瓷砖 ②欧式壁纸

主要材料：①榉木饰面板 ②玻化砖

主要材料：①雅士白大理石 ②釉面砖

主要材料：①文化石 ②实木板条

主要材料：①肌理漆 ②仿古砖

主要材料：①红橡木饰面板 ②山水纹大理石

主要材料：①古堡灰大理石 ②做旧实木地板

主要材料：①爵士白大理石 ②柚木地板

主要材料：①麻质壁纸 ②米黄洞石

主要材料：①金蜘蛛大理石 ②仿大理石瓷砖

主要材料：①米黄洞石 ②柚木地板

主要材料：①植绒壁纸 ②玻化砖

主要材料：①白枫木饰面板 ②复合实木地板

主要材料：①爵士白大理石 ②红橡木饰面板

主要材料：①有色乳胶漆 ②做旧实木地板

主要材料：①微晶石 ②无纺布壁纸

主要材料：①云石 ②有色乳胶漆

主要材料：①雅士白大理石 ②釉面砖

主要材料：①有色乳胶漆 ②木纹砖

主要材料：①白色护墙板 ②釉面砖

主要材料：①雪白银狐大理石 ②硬包

主要材料：①白色护墙板 ②实木地板

主要材料：①斑马木饰面板 ②马赛克

主要材料：①浮雕漆 ②做旧实木地板

主要材料：①白色乳胶漆 ②仿古砖

主要材料：①古堡灰大理石 ②皮革硬包

主要材料：①有色乳胶漆 ②大理石拼花地板

主要材料：①胡桃木饰面板 ②水曲柳木地板

主要材料：①中花白大理石 ②釉面砖

主要材料：①有色乳胶漆 ②水曲柳木地板

主要材料：①密度板混油 ②玻化砖

主要材料：①浅啡网大理石 ②月光米黄大理石

主要材料：①柚木饰面板 ②实木地板

主要材料：①白色乳胶漆 ②仿古砖

主要材料：①有色乳胶漆 ②玻化砖

主要材料：①砂岩文化石 ②肌理壁纸

主要材料：①灰网纹大理石 ②浅啡网大理石

主要材料：①大花白大理石 ②木纹砖

主要材料：①白橡木饰面板 ②实木地板

主要材料：①波斯灰大理石 ②木纹砖

主要材料：①布艺软包 ②复合实木地板

主要材料：①雨林绿大理石 ②木纹砖

主要材料：①微晶石 ②有色乳胶漆

主要材料：①仿文化石壁纸 ②玻化砖

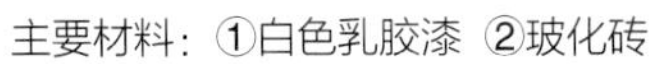

主要材料：①白色乳胶漆 ②玻化砖

主要材料：①红橡木饰面板 ②实木地板

主要材料：①做旧木质饰面板 ②文化石

主要材料：①雅士白大理石 ②红橡木饰面板

主要材料：①硬包 ②仿大理石瓷砖

主要材料：①白橡木饰面板 ②米黄大理石

主要材料：①有色乳胶漆 ②仿古砖

主要材料：①爵士白大理石 ②实木地板

主要材料：①爵士白大理石 ②仿大理石瓷砖

主要材料：①玉石 ②实木地板

主要材料：①灰镜 ②麻质壁纸

主要材料：①水曲柳饰面板 ②仿大理石瓷砖

主要材料：①有色乳胶漆 ②复合实木地板

主要材料：①仿大理石瓷砖 ②有色乳胶漆

主要材料：①木纹玉石 ②仿大理石瓷砖

主要材料：①绒布软包 ②皮革硬包

主要材料：①白胡桃木饰面板 ②实木地板

主要材料：①灰木纹石 ②波斯灰大理石

主要材料：①有色乳胶漆 ②水曲柳木地板

图书在版编目（CIP）数据

2017客厅. 现代风格 /《2017客厅・现代风格》编写组编. —福州：福建科学技术出版社，2017. 2
ISBN 978-7-5335-5245-9

Ⅰ. ①2… Ⅱ. ①2… Ⅲ. ①客厅－室内装饰设计－图集 Ⅳ. ①TU241-64

中国版本图书馆CIP数据核字（2017）第024191号

书　　名　2017客厅　现代风格
编　　者　《2017客厅・现代风格》编写组
出版发行　海峡出版发行集团
　　　　　福建科学技术出版社
社　　址　福州市东水路76号（邮编350001）
网　　址　www.fjstp.com
经　　销　福建新华发行（集团）有限责任公司
印　　刷　福建彩色印刷有限公司
开　　本　889毫米×1194毫米　1/16
印　　张　5.5
图　　文　88码
版　　次　2017年2月第1版
印　　次　2017年2月第1次印刷
书　　号　ISBN 978-7-5335-5245-9
定　　价　35.00元